世界五千年
科技故事丛书

卢嘉锡题

世界五千年科技故事丛书

# 点燃化学革命之火

## 氧气发现的故事

丛书主编　管成学　赵骥民

编著　许国良　李彦　王兵

吉林出版集团 | 吉林科学技术出版社

**图书在版编目（CIP）数据**

点燃化学革命之火 ：氧气发现的故事 / 管成学，赵骥民主编.
-- 长春 ：吉林科学技术出版社，2012.10（2022.1 重印）
ISBN 978-7-5384-6125-1

Ⅰ.① 点… Ⅱ.① 管… ② 赵… Ⅲ.① 氧气－普及读物 Ⅳ.
① O613.3-49

中国版本图书馆CIP数据核字（2012）第156298号

## 点燃化学革命之火：氧气发现的故事

| | |
|---|---|
| 主　　编 | 管成学　赵骥民 |
| 出 版 人 | 宛　霞 |
| 选题策划 | 张瑛琳 |
| 责任编辑 | 张胜利 |
| 封面设计 | 新华智品 |
| 制　　版 | 长春美印图文设计有限公司 |
| 开　　本 | 640mm×960mm　1 / 16 |
| 字　　数 | 100千字 |
| 印　　张 | 7.5 |
| 版　　次 | 2012年10月第1版 |
| 印　　次 | 2022年1月第4次印刷 |

| | |
|---|---|
| 出　　版 | 吉林出版集团 |
| | 吉林科学技术出版社 |
| 发　　行 | 吉林科学技术出版社 |
| 地　　址 | 长春市净月区福祉大路 5788 号 |
| 邮　　编 | 130118 |

发行部电话 / 传真　　0431-81629529　81629530　81629531
　　　　　　　　　　　81629532　81629533　81629534
储运部电话　0431-86059116
编辑部电话　0431-81629518
网　　址　www.jlstp.net
印　　刷　北京一鑫印务有限责任公司

| | |
|---|---|
| 书　　号 | ISBN 978-7-5384-6125-1 |
| 定　　价 | 33.00元 |

如有印装质量问题可寄出版社调换

# 序 言

十一届全国人大副委员长、中国科学院前院长、两院院士

放眼21世纪，科学技术将以无法想象的速度迅猛发展，知识经济将全面崛起，国际竞争与合作将出现前所未有的激烈和广泛局面。在严峻的挑战面前，中华民族靠什么屹立于世界民族之林？靠人才，靠德、智、体、能、美全面发展的一代新人。今天的中小学生届时将要肩负起民族强盛的历史使命。为此，我们的知识界、出版界都应责无旁贷地多为他们提供丰富的精神养料。现在，一套大型的向广大青少年传播世界科学技术史知识的科普读物《世

界五千年科技故事丛书》出版面世了。

由中国科学院自然科学研究所、清华大学科技史暨古文献研究所、中国中医研究院医史文献研究所和温州师范学院、吉林省科普作家协会的同志们共同撰写的这套丛书，以世界五千年科学技术史为经，以各时代杰出的科技精英的科技创新活动作纬，勾画了世界科技发展的生动图景。作者着力于科学性与可读性相结合，思想性与趣味性相结合，历史性与时代性相结合，通过故事来讲述科学发现的真实历史条件和科学工作的艰苦性。本书中介绍了科学家们独立思考、敢于怀疑、勇于创新、百折不挠、求真务实的科学精神和他们在工作生活中宝贵的协作、友爱、宽容的人文精神。使青少年读者从科学家的故事中感受科学大师们的智慧、科学的思维方法和实验方法，受到有益的思想启迪。从有关人类重大科技活动的故事中，引起对人类社会发展重大问题的密切关注，全面地理解科学，树立正确的科学观，在知识经济时代理智地对待科学、对待社会、对待人生。阅读这套丛书是对课本的很好补充，是进行素质教育的理想读物。

读史使人明智。在历史的长河中，中华民族曾经创造了灿烂的科技文明，明代以前我国的科技一直处于世界领先地位，涌现出张衡、张仲景、祖冲之、僧一行、沈括、郭守敬、李时珍、徐光启、宋应星这样一批具有世界影响的科学家，而在近现代，中国具有世界级影响的科学家并不多，与我们这个有着13亿人口的泱泱大国并不相称，与世界先进科技水平相比较，在总体上我国的科技水平还存在着较大差距。当今世界各国都把科学技术视为推动社会发展的巨大动力，把培养科技创新人才当做提高创新能力的战略方针。我国也不失时机地确立了科技兴国战略，确立了全面实施素质教育，提高全民素质，培养适应21世纪需要的创新人才的战略决策。党的十六大又提出要形成全民学习、终身学习的学习型社会，形成比较完善的科技和文化创新体系。要全面建设小康社会，加快推进社会主义现代化建设，我们需要一代具有创新精神的人才，需要更多更伟大的科学家和工程技术人才。我真诚地希望这套丛书能激发青少年爱祖国、爱科学的热情，树立起献身科技事业的信念，努力拼搏，勇攀高峰，争当新世纪的优秀科技创新人才。

# 目　　录

# 目　录 _____

# "圣火"的神话故事

　　伟大的革命家恩格斯曾经说过，火的使用使人类获得"世界性的解放"，从而"最终把人同动物界分开"。

　　我们可以想象：在远古时代，先民从

雷电或火山的烈焰中引出火种，燃起了第一堆篝火，或在中古时代，先民从敲打燧石进出的火星上点燃起第一支火把，他们是多么欣喜，火给人类带来多少益处啊！它使人类在黑暗中获得光明，在寒冷中获得温暖，在驱逐猛兽中获得安全……更有深远意义的是，火使古人类能吃上了熟食，从而促进了大脑的发育，令人类在万物进化漫长岁月的竞争中，终于脱颖而出，成为自然界的"精灵"、一切生物的主宰者。因此，古人将火视为"神"，顶礼膜拜，敬若神明。

然而，火到底是什么？古人虽然无法回答，但是却创造了第一个神话传说，"普罗米修斯圣火"的动人故事。

据说，在宇宙开创之初，诸神之间发生了一场大战，最后，宙斯成为诸神的最高统治者，被尊为"众神之父"。宙斯为感谢在其称王战斗中普罗米修斯对他的帮助，给了普罗米修斯很大一部分权力，派他到地上教会人间百姓制作陶器等各种技艺。于是人类便懂得了生产一些用品，盖起了房子，从此有了藏身和生活的乐园。人类为了感谢宙斯，还盖起了神庙供拜他。普罗米修斯目睹人类在地上放牧、种田、生儿育女、说出流畅的语言、绘出优美的图画和唱出悦耳的歌声，感到欢欣和安慰。

　　普罗米修斯把为人类造福，看成是自己最大的幸福。但是，宙斯却警告他说：

"你可以教会他们所有的事情，但绝对不能把火给他们。火只能由上帝来控制，火种只能保存在天上的奥林匹斯山上。"因此，地上的人类在很长的岁月里都无法得到火，只能用石头去劈削做出简单的工具。

宙斯的妹妹雅典娜看到这一切，心里很难过。同时，普罗米修斯也为人类不能得到使用火的权利而感到不公平。于是，一种怜悯之心在他俩心中油然而生。

一天，在夜深人静时，天上的奥林匹斯山白雾迷漫，黑暗笼罩着群峰峻岭，透不过一丝星光。普罗米修斯与雅典娜在山下密谈着偷火的计划。时钟刚敲过12点，雅典娜与普罗米修斯从一条山间小路艰难地爬上了奥林匹斯山，他们经过百般周折，好不容易抵达目的地，正好碰到太阳神阿波罗回来休息。普罗米修斯机警地从阿波罗手中夺过火把，匆忙下山。就这样，在一个伸手不见五指的夜晚，普罗米修斯把火种带到了人间。

普罗米修斯深知这样做违背了宙斯的命令，而且宙斯很快就会发现这一切，将会严厉惩罚他，因此他以最快的速度教会了人类怎样使用火并把火种保存下来。

有一天，宙斯在奥林匹斯山上鸟瞰人间，突然发现有一火光映入眼帘，宙斯大怒，立即将普罗米修斯抓了起来，锁在高加索山的悬崖上，每天放一只秃鹫去啄食他的身体肌肉和肝脏，如此折磨了普罗米修斯几千年，直到他死去才罢休。普罗米修斯就这样以自己的生命换来了人类的光明和繁荣。

"普罗米修斯圣火"虽然只是个神话传说，但这个故事的产生和流传，却反映了火在人类进化和日常生活中的极端重要的地位，同时也寓意着人类探索火的秘密有着悠久的历史。

# "阴阳五行"及"四元素说"

　　远古时代，偶尔火山爆发，炽热的岩浆冲向天空，落地处又腾起猛烈的火焰，场面十分惊人！森林或草原突然燃起野火，火

焰升天，热浪灼人，使生命万物须臾之间化
为灰烬……

面对这火的暴戾，古人除了恐惧之
外，谁也未能说出缘由，只好顶礼膜拜。

历史终于走出了蒙昧时代，人类学会
了用火。然而，人类对于火的现象依旧是神
秘莫测，无上崇拜。所以，管理火塘（室内
生火取暖的小坑）成了古人一项神圣的职
业，只有大祭司之类的"圣贤"，方可担
任。中国的炎帝就是4000多年前最早使用火
的一个部落首领。

火，这个变化无常、如梦如幻的东
西，一直困扰着古人。火到底是什么？为什
么会发生燃烧？在相当长的历史时期里，这

些问题难倒了无数个睿智的先哲，成了古人的"不解之谜"。千百年来，古代无数先贤和科学家经过不倦的思索，曾创造出"金木水火土"之"五行说"和"土水气火"之"四元素说"。

我国古代先人提出的"金木水火土"——阴阳五行说认为，火是构成世间万物不可缺少的基本元素之一，也就是说，火是一种简单的初始物质。

古希腊的哲学家也提出了许多关于火的说法。赫拉克里特把火当成一切事物的初始元素，甚至把整个世界都看成"一团永恒的火"。恩培多克勒把前人的学说加以综合，提出物质构成的四元素，即火、空气、水和土。亚里士多德在恩培多克勒的"四元素说"的基础上又加深了一步，他认为，火是热的、干的以及其他性质的总和。因为冷的和湿的水在加热时会变成热的和干的空气。

为什么古人把火看成万物之源呢？他们认为，草木类及其他可燃物，时常会有火从中冒出来，主要原因是火能促成物质的转化，并能滋养万物。总之，在古人看来，火是一切事物中最活泼、最积极和最容易变化的因素，整个世界就在烈火中永恒不息地变动着。

古代的炼金术，就是由于人们看到火能使物质千变万化，便企图用火的燃烧把其他金属变成黄金。当时的人们在实践中得到一个结论，一切可燃物中含有硫，而硫是易燃的元素。于是，欧洲的帕拉塞尔苏斯提出了"三元素说"：万物是由盐、硫、汞三元素以不同比例构成的。

哲学家们一直在冥思苦想，企图用哲学思想来说明宇宙间的一切事物，结果总是难以找到科学的答案。

# 施塔尔创造了 "燃素学说"

15世纪，意大利科学家达·芬奇在实验

中发现，火在燃烧时，若无新鲜空气补充，

燃烧就不能继续进行。遗憾的是，他没能深

入研究，找到燃烧与空气之间存在的必然联系。后来，英国的物理学家、化学家罗伯特·虎克（1635—1703）对燃烧问题产生兴趣，他于1678年做了许多实验，观察木炭、烛、硫黄的燃烧以及空气对燃烧的作用，提出了12种关于燃烧的学说，并指出："空气是所有硫素物体的万用溶剂；进行溶解作用时产生大量的热，我们称它为火。"虎克虽然明确地指出没有空气便不会产生燃烧的关键性问题，但是他仍然相信燃烧时燃烧体中有所谓的"硫素"放出，并把它看做是热。

虎克的导师、英国著名化学家波义耳（1627—1691），既反对把火看成是热、干两种原性的化身的见解，也反对把火看成是从物体中分离出来的东西。他认为，火是一种实实在在的、由具有重量的"火微粒"构成的物质元素。从这一点出发，他做了大量的实验。他在密闭的容器内煅烧金属铜、铁、铅、锡等，仔细定量地研究了他们在燃烧后增重的情况。但波义耳并没有去做深入的研究，这就在化学史上留下了一个遗憾。

德国医生、化学家贝歇尔，自幼家境贫寒，靠自学成才。在医院工作时，他发现实验后的小动物尸体在没烧之前，五脏六腑样样俱全，是有血有肉的，而烧掉之后却仅剩下一堆灰烬。他又仔细观察了植物、矿物燃烧的陈迹，得到同样的结论：动植物和矿物燃烧之后，剩下的灰烬都是成分更为简单的物质，也就是说，燃烧是一种分解作用，不能分解的物质尤其是单质就不能燃烧。

后来，贝歇尔去英国研究矿业。他继续对土的燃烧现象做了研究，但他的一切解释都是以有机物的燃烧现象为依据的，因而带有很大的片面性。

贝歇尔的学生施塔尔是普鲁士王的御医。有一天，他在实验室里做着实验，感到寒风刺骨，于是他点燃一块硫黄取暖，同时观察燃烧现象。过了一会儿，硫黄燃尽了，生成了一种新物质——硫酸。他突生奇想：让硫酸和松节油一起煮沸。煮的过程中，混合物发出吱吱的响声。煮过之后的"硫酸"居然又被他点燃了。

施塔尔陷入了沉思。他查找各种记载的资料，终于总结出了一个答案：每一种可燃物中都含有燃素。燃烧硫黄、煅烧金属时，其中的燃素逸去；当硫酸同富含燃素的松节油共煮、煅渣与木炭共燃时，又从中夺回燃素，可重新燃烧。所以物体中含燃素越多，燃烧起来就越旺。

　　在多次的实验中，施塔尔发现燃烧一定需要空气，这又怎么去解释呢？他想，是不是燃烧时燃素不能自动分解，是空气把它吸取过来，才实现了燃烧呢？

　　"青出于蓝而胜于蓝"，施塔尔不是单纯地研究有机物的燃烧，还把重点移向无机物，从而增强了燃素理论的全面性。他终于在1703年创造出了"燃素学说"。

燃素学说是专门解释物质燃烧现象的。它的主要内容是：一切可燃物如木材、磷、硫黄等都含有燃素，不可燃物如石块、黄金等不含燃素。当可燃物燃烧时发出光和热，就被认为是可燃物的燃素逸出体外。从这个基本概念出发，贝歇尔和施塔尔便得到了一个公式：

可燃物－燃素=灰烬。

这个公式不仅破天荒地把燃烧现象归之于物质，而且还轻而易举地解释了许多燃烧问题。纸张、木材、油类等物质为什么很容易燃烧呢？因为它们含有大量燃素，燃烧时它们发出的光和热，就是燃素从可燃物里被赶出来的现象。物质含有的燃素越多，燃烧得就越旺。油类物质里含燃素最多，所以它比木材和纸张燃烧得激烈；石头、黄金不能燃烧的原因是因为它们不含燃素。燃素学说还解释了金属跟酸以及金属跟盐的置换反应，认为前者是由于酸夺取了金属中的燃素，而铁置换溶液中的铜是由于金属铁中的燃素转移到铜中去了。在施塔尔看来，人的呼吸过程，就是人不断地、缓慢地从肺里吐出燃素的过程。因为这个过程很缓慢，所以不像木材、油那样会发出光芒，而只会缓和地放出热量。

几千年令人迷惑不解的燃烧之谜，似乎获得了较好的解释。

的确，燃素学说解释了燃烧现象，它似乎从科学的角度揭示了火的奥秘。可是，在科学实践中，特别是在揭开燃烧秘密的征途上，它却成了"火神"的保护伞。这种学说成了风靡世界的重要理论，统治化学界达七八十年之久。

# 罗蒙诺索夫
# 遭挖苦中伤

　　燃素学说虽然能解释一些现象，但是

到了18世纪中叶，在人们对许多化学反应

进行了定量研究后，就显得破绽百出，危

机四伏。

首先，"燃素"究竟是什么东西？就连当时最权威的化学家也讲不出所以然来。有人认为燃素是火质，有人认为燃素是油状物质，有人说燃素是粒状物质，还有人说燃素是没有质量的……众说纷纭，莫衷一是。

其次，按照燃素学说，物质燃烧时都会逸出燃素，同时质量减少，可是金属经过煅烧，质量反而增加，这是什么缘故？为了自圆其说，当时法国化学家文乃尔提出金属含有的燃素是有"负质量"的，因此燃烧后质量反而增加了。有人问："既然把燃素看做一种物质，怎么会有负质量呢？"文乃尔却不能回答。

怎样理解具有负质量的物质存在呢？它同微粒学说究竟有何联系？这些疑问困扰着一位俄罗斯青年，著名的化学家罗蒙诺索夫（1711—1765）。

罗蒙诺索夫于1711年11月19日出生于俄国阿尔汉格尔斯克省霍尔莫尔附近的一个渔民家庭。他自幼帮助父亲捕鱼，大风大浪练就出他坚忍不拔的性格，繁重的劳动培养了他吃苦耐劳的精神，美丽的自然景观开阔了他的视野，贫困的生活激起了他对学习的渴望。

罗蒙诺索夫从小酷爱读书，向往新的知识天地。可是，在那偏僻的地区，很难找到科学知识书籍，贫困和继母的虐待，更使他在生活旅途中遇到了难以想象的困难。

"我要上学，到莫斯科去上学！"这个念头时时在罗蒙诺索夫的头脑中打转。

1730年12月初，北方的天气格外寒冷。一队载重的雪橇在冰雪上缓缓地行进着，车上的人都盼望早日到达莫斯科。大家想的都是尽快把货物卖掉，唯独罗蒙诺索夫想的是找到自己读书的学校。雪橇在茫茫的雪原上走了45个昼夜，终于艰难地到达了莫斯科。

求学心切的罗蒙诺索夫仿佛不知疲倦，到客栈稍作安顿后，便走上了人群熙攘的大街。一幢建筑物前写着"救主学校"的牌子吸引了他。能不能进去报名当一名学生呢？他觉得自己快19岁了，这个年龄是否有些晚了？他没有信心进去。走着走着看到"国立高等法政学校"的牌子，他鼓足勇气走了进去。

"尊敬的先生，高等法政学校是为贵族设立的。我们不能接收您。"校长的话使他愤愤地离开了。

他又折回"救主学校"，这间学校勉强接收了他。

由于罗蒙诺索夫学习刻苦，成绩优异，1735年被学校评选为"大有希望的少年"，推荐到彼得堡大学学习。不久，又因他具有丰富的拉丁文知识，被选派到德国去留学。

在德国马尔堡大学，罗蒙诺索夫如鱼得水，开始了紧张的学习生活。他喜欢听欧洲科学巨匠克里斯蒂安·沃尔夫的课，接触到了物理学和化学方面的最新理论。然而，沃尔夫的声望并没有妨碍罗蒙诺索夫对沃尔夫的一些假设持批判态度。

罗蒙诺索夫回到俄国之后，开始筹建实验室。他挑选了几个优秀的学生作为助手，一边讲课，一边重新研究燃烧过程。

罗蒙诺索夫想起了波义耳的实验。波义耳在封闭的玻璃器中煅烧金属，得到金属灰的重量总是比原来的金属重。波义耳认为，金属灰重量之所以增加，是由于一种热素在燃烧时从火焰转入金属里的缘故。一个世纪之后，沃尔夫教授也确信存在着一种能够由一个物体注入另一个物体的无重量的液体，并把这种液体称为"热素"。沃尔夫虽是罗蒙诺索夫的导师，但对他关于无重量液体的说法，罗蒙诺索夫认为纯属空想。他坚信，以前的科学家对这一现象的解释缺乏说服力。他决心寻求燃烧现象的谜底。

　　"波义耳在加热后打开了容器，会不会有什么物质从容器中逸出，金属灰的重量才发生改变呢？"罗蒙诺索夫苦苦思索，准备重新做波义耳的实验。

他找来一个密封性极好的容器，装入铁屑，拉起风箱，把火烧得旺旺的。当容器颈部的玻璃变软的时候，用钳子夹紧，把口封死。这样容器中既不会进入也不会逸出任何东西。停止燃烧后，他先称量冷却的容器及金属，然后放在大型加热炉中，发现铁屑熔化后慢慢变成黑色。他又反复地做了铅和铜的实验。有趣的是，煅烧后称量的结果表明，容器的重量并没有变化。

罗蒙诺索夫在想，波义耳称量的是金属灰的重量，我也应该称一称金属灰的重量，然后与金属的重量加以比较。

第二天，他把实验重做了一遍。他先称量金属的重量，煅烧之后，再称量所得到的金属灰，结果是金属灰确实比原来的金属重。

　　罗蒙诺索夫苦苦地思索着，煅烧前后，密封的容器质量没有发生变化，而金属灰的重量却比原来的金属重了。密闭的容器中除了金属和空气之外，无任何其他物质，为何金属灰会更重了些呢？看来是金属与空气的微粒化合了。如果是这样的话，那么金属增重多少，容器中的空气就该减少多少。罗蒙诺索夫由此断定，波义耳认为金属没有与"燃素"化合的观点是不正确的。

　　然而，由于当时燃素学说在化学界的统治地位根深蒂固，罗蒙诺索夫实验得出的看法并不被人们所接受，尤其是欧洲一些高傲的科学家甚至对他挖苦中伤。面对这些反对的目光，罗蒙诺索夫毫不示弱，仍然坚持不懈地进行着研究事业。

# 舍勒否定空气元素说

　　燃素学说遭到俄罗斯伟大化学家罗蒙诺索夫的小小冲击后，又受到了瑞典青年药剂师卡尔·舍勒（1742—1786）的挑战。

　　卡尔·舍勒生于瑞典王国的波美尼亚。

他从小就喜欢收集各种草药，有的还用来配制溶液，并把它们一起摆在家中的一个架子上，其中有椴木皮浸液、越橘汁及一些晒干的草药等，构成了他的"奇妙的药房"。

14岁时，舍勒到药房里当学徒，后来升为实验员。他工作勤奋，每天配完药后，还要做捣碎、蒸发和蒸馏种种化学物质的工作，每天几乎全部时间都是在药房中度过。他细心地观察复杂的制药技术，认真阅读有关的书籍。

舍勒的师傅是个药学家兼化学师，他精于配制药物，擅长进行酸碱盐反应，操作技术高明，经验丰富。

在舍勒的心目中，心灵手巧的师傅是

一个完美无缺的圣人。有一天，师傅严肃地对他说："只会动手操作而不善于思考的人，绝不是一个合格的药剂师。"

从此舍勒更加勤奋学习，一些古老的化学书，连药剂师都难以读懂，舍勒也敢于拿来攻读和钻研。他具有非凡的记忆力，凡是读过的书或做过的实验，都能牢牢地记住。

舍勒天生是个搞化学的"材料"。他一呼吸到实验室中浓烈的怪味，就仿佛吸入了兴奋剂，精神格外振作，甚至闻硫黄燃烧刺鼻的浓烟、吸硝酸令人窒息的味道，也不感到讨厌，手上和身上经常被酸碱烧伤、烫伤，但他从不在意。

舍勒虽然没有进过中学和大学，但很有志气。他每天做实验，经常都用火来加热，可对于火焰的真正性质，却仍然不得其解。于是，他下决心要研究火焰的性质。

舍勒从书籍中了解到，大约100年前，英国的波义耳等化学家曾证明蜡烛、煤炭、木材等能够燃烧的物质，只能在空气充足的地方燃烧。舍勒对这个问题用心地思考起来，按照波义耳的证明，如果给燃烧着的蜡烛罩上一个玻璃杯，那么火焰一会儿就要熄灭了；若是把罩上的杯内空气完全抽掉，燃烧着的蜡烛就会立即熄灭。反之，如果拉动风箱，不断向火焰送风，火焰就会烧得更明亮、更剧烈。

当时，人们把空气当成一种元素，认为任何力量也不能把它分解为简单成分的物质。舍勒也曾被这种结论所迷惑，而现在，他要彻底弄清楚物体燃烧为什么需要空气这个人类未能解答的问题。

　　舍勒想，密闭容器中所含的空气是有一定数量的，如果保证外面空气不能进入，那么物体燃烧发生的各种变化，在密闭容器中，就很容易察看出来了。

　　他找到一个带胶塞的空烧瓶，用它作密闭容器，做起了实验。经过多次实验燃烧蜡烛、木棍等，他突然在脑海里掠过一个"怪异"的想法，难道空气是可分的？空气并不是由单一的元素组成的？从此，舍勒抛

弃了空气元素说，空气可分的想法在他的脑

海里深深地扎下了根。

# 寻觅失踪的"空气"

像火一样，空气也是人类最早认识的物质之一。

中国古人把"气"看成是构成世界的

要素，这同古希腊阿那克西米尼人认为万物来源于气，有着异曲同工之妙。

空气与火是一对双生子。因为火离不开空气，所以，在研究燃烧本质的过程中，许多人都意识到了空气的作用。

前面讲过，英国化学家波义耳曾借助称量工具，发现物质燃烧后增重的现象。本来波义耳可以得到某些更重要发现，可惜他没有跨出这一步。而瑞典药剂师卡尔·舍勒就在寻觅失踪的"空气"，决心打开燃烧现象的奥秘之门。

每当夜深人静的时候，舍勒都聚精会神地扑在实验室里。一天，他从橱柜里拿出一只盛满了水的大罐子，有一块蜡样的黄色东西沉在罐底，在半明半暗中，他看见水和"蜡状物"发出一种神秘的淡绿色的光。

其实，那蜡状物是白磷。磷的着火点较低，在空气中放置，很快就会发生变化而失去它的性能，所以人们都把磷保存在水中。

舍勒用一把刀插进罐里，切下一小块放进烧瓶里，塞紧瓶口，拿到燃烧着的蜡烛跟前，瓶里的白磷立刻熔化，沿着烧瓶底摊成一片。几秒钟之后，磷爆发出明亮的火焰，烧瓶内浓雾弥漫，不再透明了，没多久，浓雾沉积在瓶壁上，像是一层白霜。

舍勒观察磷着火已不是第一次。现在他感兴趣的是：烧瓶中的空气在磷燃烧时起了什么变化？

烧瓶渐渐冷却后，舍勒将瓶口朝下放进水中，然后在水中拔去瓶塞。这时候，奇怪的事情发生了，盆里的水竟由下而上涌进烧瓶之中。当水面稳定之后，舍勒量出涌进去的水的体积，正好是烧瓶体积的1/5。

舍勒又进行多次重复实验，发现无论把什么东西放在密闭的容器里燃烧，容器内的空气在燃烧后同样是少掉了1/5。烧瓶是塞得严严实实的，里面的空气怎么能够溜掉呢？

舍勒又进行了另一个实验，在密闭的

容器里燃烧另一种易燃物质——金属溶解在酸中时产生的一种易燃的气体。

舍勒把一些铁屑放进一个小瓶里，然后往铁屑上浇些稀硫酸溶液。他事先在软木塞上钻通了一个孔，并在孔上插入一根长长的玻璃管，把带玻璃管的塞子塞在瓶口上。瓶里的铁屑吱吱地响，硫酸开始沸腾，并冒出气泡来。

舍勒点燃一支蜡烛移近玻璃管口，冲出的气体立刻着火，形成尖细的淡蓝色火舌。接着，舍勒将小瓶放进水缸里，把空烧瓶罩在火舌上面，慢慢将烧瓶口插进水里，使空气无法再进入烧瓶内，让气体在密闭的烧瓶空间里燃烧。

气体不断燃烧，下面的水不断向烧瓶内上升。水越升越高，气体的火焰也越来越小，最后火焰完全熄灭。

同样，舍勒计量出涌入烧瓶中的水占烧瓶体积1/5左右。

尽管铁屑仍在吱吱作响，稀硫酸仍在沸腾，玻璃管口继续喷出那易燃的气体，但烧瓶内却再也燃烧不起来了。舍勒感到奇怪，烧瓶里不是还剩有4/5的空气吗，为什么火会熄灭呢？

"空气失踪了1/5，一定是在燃烧过程中消失的。但是另外4/5为什么没有消失呢？"舍勒百思不得其解。

突然，舍勒产生了一种模糊的想法，

难道烧瓶里剩下的空气和在燃烧时消失的空气，是完全不同的吗?

这需要用实验来证明。舍勒看了看钟，已是深夜了，他深深地叹了一口气，离开了实验室。

我一定要把那失踪的"空气"找出来!舍勒带着无限的自信，渐渐地进入了梦乡……

从人们开始意识到空气是复合成分那一天起，在寻觅空气的科学史上，记载着以下的英名:

舍勒最早意识到空气中含有氧气，进行了一系列卓有成效的实验。

普列斯特里用实验确证了氧气的存

在，可是他认为那是"火燃素空气"，因而失之交臂。

拉瓦锡揭示了氧气的本质，确证了空气中氧气的存在。

卢瑟福于1772年用单质磷燃烧的方法，发现了空气中的氮气。

瑞利于1882年最早意识到空气中除了氧、氮之外，还含有极微量的其他气体，后来他与助手拉姆塞于1894年发现稀有气体氩气。

1900年，德国物理学家道恩、英国化学家索迪以及拉姆塞等人，最终确认空气中含有氡。

当然，空气中还含有其他气体，如二

氧化碳、二氧化硫等。科学家们发现每种气

体，都有一段动人的故事。

# 制造"火焰空气"

　　在舍勒一生中，曾对化学有过不少第
一流的发现，制造"火焰空气"仅是一个小
插曲而已。

　　舍勒在研究空气所含成分的过程中，

做了多次的实验，并对燃烧后剩下的空气精
心地研究起来。他感到这种空气似乎是"死
的"，完全无用的。有一次，他把几只老鼠
关到装满了这种"死空气"的罐子里，老鼠
很快被窒息而死。

舍勒似乎大彻大悟了。他断定空气不
是什么单质，而是由两种截然不同的成分混
合而成的。这两种成分里面，有一种能助
燃，且在燃烧中会不知去向；另一种含量比
较多，对火不起作用，在物质燃烧后会毫无
损失地保留下来。

使舍勒更感兴趣的，当然不是空气中
"死"的那部分，而是它"活"的那部分，
会在燃烧中不知去向的那部分。

他想起实验中曾经出现过的现象，坩埚里硝石在熔化时，烟炱的细末飞过坩埚上空时会突然着火。难道硝石冒出的气体就是那种能够助燃的空气吗？于是，舍勒专心研究硝石。他先熔化硝石，把硝石与浓硫酸一起在火上蒸馏，后来又单独对硝石进行蒸馏，还试验把硝石和硫放在一起捣碎，又和碳一起研磨……每做完一种实验，他都记录下现象，思考其中出现的问题。

　　有一天，舍勒手持一只"空"瓶子，从实验室里冲出来，大声地喊道："火焰空气！火焰空气！"

　　老板惊奇地望着舍勒。

　　"走吧，我带你去看看'火焰空

气'！"舍勒拉着老板往实验室里走。

舍勒取出几块即将熄灭的煤炭，打开手中瓶子的盖，把炭扔进去，那炭立即迸发出白色火焰。他又找来一根细柴，点着后吹熄，放进盛着"火焰空气"的瓶子里。几乎熄灭的火又明晃晃地燃烧了起来。

舍勒洋洋得意地解释道："瓶里装的是'火焰空气'，是从蒸馏硝石得来的。"

后来，舍勒又找到了几种制备纯净"火焰空气"的方法。最简单的是加热硝石，用牛尿泡收集后，移入玻璃杯中。另外，还可以用水银的红色氧化物做原料，加热之后收集。舍勒简直迷上了这个新发现。

一天，他把磷放入盛满"火焰空气"

的密闭烧瓶中燃烧，烧瓶冷却后，刚打算把它放进水里，就听见一声霹雳，震得他耳朵都快要聋了，手里的烧瓶也炸成碎片，四面纷飞。

舍勒找出了爆炸的原因："火焰空气"在燃烧中都"离开了"烧瓶，使瓶内出现真空，因此烧瓶被外面的大气压力压碎。

舍勒试着第二次做这个实验。他选了一只结实壁厚的烧瓶，待磷烧尽、瓶冷却后，瓶塞却怎么用力也拔不出来。很明显，瓶里已成真空，外面的大气压发挥出了惊人的力量。可是，把塞子往瓶里推时，却轻而易举地办到了。这时，舍勒确切地相信："火焰空气"在燃烧中完全消失了。

舍勒发现"火焰空气"具有的助燃性，深深地吸引着他的注意力。围绕着"火焰空气"，舍勒继续做了大量的实验。他还亲自呼吸过"火焰空气"，使实验研究涉及动物生理学呼吸机理领域。

# 普利斯特里牧师的梦想

　　谁会想到，神学院毕业的牧师，竟会

有这样的梦想：揭开燃烧的秘密！

　　他就是第三个向燃素学说发出挑战

的英国著名化学家约瑟夫·普利斯特里

（1733—1804）。

普利斯特里是一位神学家、哲学家和文学家，可是他的名字却更多地同化学联系在一起。

1733年3月13日普利斯特里生于英国约克郡菲尔德赫德。他7岁时丧母，由一位笃信宗教的婶母把他养大成人。他身体瘦弱多病，而且说话口吃。年轻时他学习语言、逻辑学和哲学，是个成绩优异的好学生。在神学院读书期间，他勤奋好学，立志要成为一名优秀的牧师。

普利斯特里当上牧师后，教区的孩子们都非常喜欢听这位牧师讲故事。要做一名优秀牧师，必须知识渊博。为此，普利斯特里开始探索自然科学如天文学、物理学等科学知识。

有一次，教区来了一位化学博士，普利斯特里听了他的讲课。普利斯特里想，化学这个领域里，有那么多没有搞清楚的问题，如果我们连天天接触的燃烧现象都不能解释，那么，怎么称得上是合格的哲学家呢？

从此，普利斯特里开始研究化学，还亲手制作一些仪器搞起实验来。他首先对空气产生了兴趣。他思考的第一个问题是，放在封闭容器里的小老鼠，为什么过几天就死了？容器里有空气，跟外界的不是完全一样吗？

他想起了做学生时的一件事，有一次他随两位朋友去参观啤酒厂，当他走到发酵车间时，曾经爬上梯子，躬身去观看桶中的发酵液。

　　"快下来，对着啤酒汁呼吸，你会失去知觉的。"一位朋友朝他喊道。

　　当时普利斯特里的确感到呼吸困难。他问这是怎么回事？那位朋友也说不出道理。他点燃一根细木条，把它举到啤酒汁上面，普利斯特里惊奇地看到，燃烧着的木条立刻就熄灭了。

　　这件事在普利斯特里心里打下了深深的烙印。他想，是不是存在好几种空气（当时"气体"的概念还未产生），一种是生物呼吸的纯净空气；另一种是比纯净空气更重的空气，生物在这种空气中会死去。

普利斯特里试验点燃一支蜡烛，放入装着小老鼠的容器中并封闭起来。一会儿，蜡烛熄灭了，小老鼠也奄奄一息。他想，空气中大概存在一种什么东西，当它燃烧时会污染空气。

动物在"被污染的空气"中会死去，那植物又会怎样呢？于是，普利斯特里把一盆花罩起来，里面放一支燃烧的蜡烛，烛光很快熄灭了，但几小时过后，花竟然一点儿也没枯萎，把它放窗台上，一夜过后，花仍然鲜艳夺目，绿叶葱葱。

普利斯特里多次重复实验，从而证明

了植物吸收"固定空气"（即二氧化碳气体），而放出"活命空气"（即氧气）。这种"活命空气"维持着动物呼吸，并能使物质更加剧烈地燃烧。

这位牧师已不安分守己地执著他的神学了，他的好奇心驱使他不断地向科学的领域探索。

由于普利斯特里专心致志地进行科学研究，受到了教徒中狂热分子的迫害，还称他为"可耻的无神论者"。

# 别开生面的"魔术表演"

应该怎样制取"活命空气"呢？普利斯特里首先想到了硝酸。因为硝酸的盐类如硝石，能够助燃。他想，如果把沾有稀硝酸的铜丝加热，也许能放出"活命空气"。

然而，他用这种方法却发现了另一种气体——棕红色气体。它的强烈臭味很像硝酸（其实是二氧化氮）。普利斯特里把它称为"硝石空气"。结果他没有制得"活命空气"。

这位执著的科学家并没有灰心，继续进行实验。随后，他陆续制出了其他气体。这些气体当时人们还不知道是什么东西，普利斯特里就给它们取名为"碱空气"（氨）、"盐酸空气"（氯化氢）等。

1769年，普利斯特里研究了"硝石气"（氧化氮），对它进行定量分析。他把一氧化氮加到空气里，用碱液吸收生成二氧化氮，结果发现实验的空气体积减小了

1/5，剩余的空气不能再助燃了。他还发现在空气中燃烧易燃物或煅烧金属后，空气体积也同样减少了。普利斯特里还得出一项重大发现：经过燃烧物燃烧过了的不能再供呼吸用的空气中，把植物放在里面，经过一段时间后，这种空气又恢复了原来空气的性质。

因此，他断定气体的种类，不止一种。

普利斯特里设计了这样一个实验，将充满水银的细长玻璃瓶倒立在水银槽中，将水银灰放在瓶内的水银面上，用太阳光加热，以便在玻璃瓶内就地收集发生的气体。由于没有聚光的凸透镜，实验未能进行。后来伦敦一位科学仪器商赠给他一台大型凸透镜，才使实验得以进行。

1774年8月1日上午，天气特别晴朗，普利斯特里兴致勃勃地带着几位朋友来到实验室，准备演示一个新的实验。

他从柜里拿出一大包红色的三仙丹（氧化汞），有条不紊地准备起实验来。

时钟敲响了11点，太阳光正强烈。普利斯特里先把三仙丹放在玻璃瓶里，手持凸透镜，把太阳光聚焦到三仙丹上，粉末微微颤动、腾跃，一会儿，三仙丹发生了一种奇怪的变化。

"有小水珠！"大家惊呼起来。

"这是水银珠。"普利斯特里一边操

作一边说道。

深红色的粉末逐渐减少，亮晶晶的"液滴"逐渐增多。

普利斯特里点燃一根干木条，将它放入玻璃瓶内，结果木条燃烧得更旺了。普利斯特里迅速取出小木条，扑灭了火焰，又扔进了玻璃瓶内，熄灭的木条又奇迹般地燃烧了起来。

"魔术，别开生面的魔术！"在旁的朋友们惊讶不已。

普利斯特里不由得陷入沉思，难道它是一种"新空气"而是不是"活命空气"？

普利斯特里从实验研究中发现了不少气体，已经是一位颇有名气的气体专家。

他常常给朋友们表演"魔术",手中拿个"空"瓶子,在朋友们面前晃几下,然后敏捷地把一支点燃的蜡烛移近瓶子。"啪!"震耳的一声,瓶口吐出了长长的火舌,很快又熄灭了。朋友们都称他为绝妙的魔术师。

其实,他那"空"瓶里装的是两种无色的气体——氢气和空气。氢气与空气混合后,一点燃即会发出爆鸣声。

一次,普利斯特里给好奇的朋友们表演这一逗人的魔术。当他做完表演后,发现瓶子内壁上有一滴水珠。怎么气能变水?他起初不太相信,以为瓶子没擦干净。于是,他用干燥的瓶子,重新一次又一次地进行了试验,结果每次都有水滴生成。遗憾的是,他没有去深入研究，未能找到氢气在空气中燃烧后生成水的根本原因。

# 他终于发现了"活命空气"

　　普利斯特里到国外旅行了半年，回国后又立即投入了对"新空气"的研究。有一次，他把制备的这种"新空气"放入瓶中与水搅拌，再将点燃的蜡烛放入，发现蜡烛仍然剧烈地燃烧起来。同时，普利斯特里也万万没有想到，这种"新空气"还能够支持呼吸。

普利斯特里将一只小老鼠放入这种"新空气"中，将另一只小老鼠放入相同体积的普通空气中，测定它们的生存时间。他发现"新空气"支持呼吸的功能比普通空气强，相当于普通空气的5—6倍。普利斯特里认识到，这确实是一种不同于普通空气的"新空气"。

普利斯特里再次经过多次实验确认之后，给这种"新空气"命名为"脱燃素空气"（也曾称它为"活命空气"）。

普利斯特里发现了"活命空气"之

后，又多次进行了制法和性质的实验，将研究结果写成了《关于种种空气的实验与观察》一书。

为了亲身感受"新空气"的滋味，普利斯特里还亲自试验，用玻璃吸管把"新空气"吸入口中，感到十分舒畅。

然而，普利斯特里是燃素学说的忠实信徒，他对自己的理论，几乎都要贯以燃素学说。他认为，将要熄灭的木条在"活命空气"中重新燃烧，纯粹是一种偶然现象，"新空气"只是硝酸、土和燃素的混合物。他并不认为是一种新的元素。

这种本来可以推翻燃素学说的观点、使化学发生革命的元素，在他手中没有结出果实。后人曾评论说，当真理碰到鼻尖上的时候，还是没有得到真理。

# "不务正业"的律师

    法国化学家拉瓦锡（1743—1794）出生于法国巴黎的一个律师之家。他的父亲是巴黎高等法院的律师，外祖父也是一名律师。

拉瓦锡从小受到了良好的启蒙教育。12岁时，他被送到马扎兰学校读书。最初，拉瓦锡对文学产生兴趣，所写的文章曾多次获奖，后来，他以学法学为主，也热爱自然科学。

他的自然课老师是法国天文学家拉卡伊。老师经常带学生去观察大自然景物，拉瓦锡总是认真做笔记，并一直珍惜地保存着。在马扎兰学校，拉瓦锡以优秀的成绩毕业。

拉卡伊对拉瓦锡这位不"安分守己"的学生总是情有独钟，他从拉瓦锡身上看到了自己儿时的影子。

拉卡伊常带拉瓦锡一起去搜集动植物

标本，做地理测量，还去登阿尔卑斯山。

在拉卡伊的影响下，拉瓦锡暗自下决心，要像拉卡伊老师那样献身于自然科学，做一名科学家。

"毕业后干什么呢？"拉瓦锡心里很不平静，而做律师的父亲却早已为儿子选定了学法学、做律师的方向。父亲认为儿子机智聪明，头脑灵活，有搞法律的天赋，很快会出人头地。

在一个假日里，他和父亲的一位老朋友格塔尔一起进行地理探险活动。格塔尔是一位矿物学家。拉瓦锡像一只出笼的小鸟，兴致勃勃地搜集每一块不同的小矿石。其中一块黑色发光的晶体矿石吸引了他。格塔尔告诉他："它的性能像磁石一样，能吸起小铁块，所以叫磁铁矿。"拉瓦锡还协助格塔尔绘制了法国第一张矿产地图。

拉瓦锡进入政法大学后，主要攻读罗马法和刑法典。他发现巴黎法政大学虽是一所典型的文科大学，但人们普遍热衷于自然科学研究。学校著名的学者专家，不少是在自然科学领域有所发现、有所创造的人。拉瓦锡听说著名化学家卢埃尔在本校讲课，便经常抽出时间去听课。卢埃尔广博的化学知识和娴熟的实验技能，深深地吸引着他。

当化学教授讲到物质燃烧过程的燃素

学说时，拉瓦锡很感兴趣，到图书馆找到罗伯特、波义耳等人的著作，反复阅读。

拉瓦锡对波义耳十分佩服，认为只有波义耳才称得上是"真正的贵族"，不计较物质上的富有，却拥有精神世界的财富。对波义耳的《怀疑派化学家》一书，拉瓦锡更是爱不释手。人们常常看到拉瓦锡抱着自然科学的书去上课，就称他是一个"不务正业"的学生。

然而，人们惊奇地看到，拉瓦锡顺利地通过了政法大学毕业考试，获得了法学学士学位。

毕业后拉瓦锡在他父亲的律师事务所工作。他每天仅在事务所里待上几个小时，大部分时间都躲在自己的房间里，研究他收集的矿物，或与格塔尔一起滔滔不绝地谈论有关地质学和化学方面的问题，使他从中懂得了很多地质学知识。

当时，巴黎的照明问题成为众人议论的话题，政府决定重金征集以"大城市的照明"为题材的科学方案。拉瓦锡参与了这一行动，并写了一个科学报告，虽然最终没有获得奖金，但是也引起了科学家们的重视。由于他的科学报告既有理论分析又切合实际，被科学院的杂志选用发表，刊登后还授予作者金质奖章。

这件事使拉瓦锡很激动。经过认真的思考，他决定放弃律师职业。这个政法大学生终于违背了他的父亲的意愿，走上了一条他自己挚爱的道路。

# 金刚石化为乌有

在拉瓦锡时代，法官或律师的职业地位显赫，有稳定的收入。而舍勒33岁担任斯德哥尔摩科学院院士时，却仍然住在药房的地下室里。他选择科学研究的道路，是需要很大勇气的。然而，拉瓦锡一旦决定下来，尽管遭到父亲的极力反对，他也坚定地勇往直前。

拉瓦锡20多岁时，已经成为在燃烧反应和熟石膏等领域颇有名气的专家了。1768年，年仅25岁的拉瓦锡被巴黎科学院院士们推举为新的院士。

看到儿子执著地追求科学事业，老拉瓦锡改变了初衷，父子重归于好。为了得到科学研究所需要的经费，在父亲的支持和帮助下，他兼任了"捐税专收总会"的包税官。

此时，一帆风顺的拉瓦锡专心钻研火以及燃烧过程，他要揭开千古燃烧之谜。

拉瓦锡拥有设备齐全的实验室，并有了两个助手。那时，已经有许多科学家对燃素学说产生了怀疑，但是还没有掌握到足以令人信服的材料。

在一个寒冷的晚上，拉瓦锡和一位助手在读卢埃尔教授的一篇文章，文中谈到在高温下灼烧的金刚石无影无踪了。他们都觉得莫名其妙。

"我认为可能是周围的环境对其产生了某些影响。"拉瓦锡首先提出自己的见解。

"加热是在空气中进行的呀。"那位助手说。

"难道空气就不会产生影响吗？"拉

瓦锡反驳道。

第二天，拉瓦锡找来几块金刚石和石墨膏。他们把小小的宝石涂上厚厚的一层石墨膏，使之密不漏气，然后进行加热。小黑球很快被烧红了，并开始发光。几个小时后，小球冷却下来，剥掉外面一层，金刚石竟然完整无缺。

大家都十分惊讶！

"原来，金刚石的神奇消失果然同空气有关。也许它们是与空气结合在一起的。"拉瓦锡默默地推测着。

这一发现非同寻常，其他问题都退居次要位置了。

拉瓦锡又着手做硫和磷的燃烧实验。

他先称量出硫和磷各自的质量，磷燃烧生成的白烟重于原来的磷。

"磷与空气结合了。"拉瓦锡产生了这个想法。那么，磷与多少空气化合？又是怎样化合的呢？

于是，拉瓦锡又在密闭容器里燃烧磷。只见白烟充满了罩在水面上的密闭容器，磷很快就熄灭了，水在罩内开始上升，过了一会儿，水位就停止上升了。

拉瓦锡在第二次实验中用了两倍的磷，但所得结果仍然一样，水位上升到一定高度就不动了，上升的水的体积约占密闭容器的1/5。

"磷仅与1/5的空气化合。难道空气是

复杂的混合物？"拉瓦锡陷入沉思。

此后，拉瓦锡开始研究金属的燃烧。金属在持续燃烧的情况下，变成了金属灰，把灰渣与炭混合在一起，在高温下煅烧后又重新变成了金属，并放出了一种"固定空气"（碳酸气）。

经过一次又一次的实验，拉瓦锡终于认定空气由两部分组成：一部分维持燃烧，并在燃烧时与金属化合；另一部分不维持燃烧，把动物放在其中会死亡。燃烧时，物体吸收了空气中的活性部分，致使燃烧后的物质比原来的重。

拉瓦锡的燃烧理论产生了。他在论文中指出：燃素学说是站不住脚的，物质有负重量的说法也是不能成立的。但是，拉瓦锡还必须拿出更有力的事实去证明他的观点的正确性。

令人欣慰的是，拉瓦锡身边有一个支持他研究、善解人意的妻子安娜，她是拉瓦锡十分得力和称职的助手。尽管道路崎岖，困难重重，拉瓦锡夫妇仍信心百倍地看到了燃烧理论得到证实的曙光。

# 说者无心，听者有意

就在拉瓦锡紧锣密鼓地研究燃烧现象时，另一位英国化学家也在进行研究，并取得了突破性进展。

前面已经说过，英国化学家约瑟夫·普

利斯特里原是一位牧师，比拉瓦锡大10岁。起初，他潜心研究啤酒发酵产生的气体（后称它为"固定空气"），由此走上了气体研究的道路。

普利斯特里在研究气体过程中，偶然发现用大凸透镜聚焦，加热"汞灰"（即 $HgO$）会产生大量的气体，发现这种来自"汞灰"的空气可以助燃，而且有助于动物的呼吸。

普利斯特里还证明，在阳光照射下的绿色植物也能发出这种气体。事实上，普利斯特里已经抓住了氧气。但是他笃信燃素学说，深受其束缚，误把这种空气称为"脱燃素空气"。

当时，拉瓦锡已经闻名于欧洲了。不仅由于他的科学研究带有反燃素学说倾向而引起世人瞩目，还由于他个人拥有欧洲第一流的实验室而被同行们所倾慕。不少前往巴黎的科学家都要去拜访拉瓦锡，参加以他家为中心的科学沙龙聚会。

普利斯特里去欧洲旅行到达巴黎时，拉瓦锡十分高兴，热情地邀请他来家中做客。普利斯特里接受了邀请，还一起到拉瓦锡的实验室进行了长时间的交谈。

两位科学家当时都在研究燃烧现象及气体，交谈起来自然十分投入。

"有人说，燃素是具有负重量的物质，我认为这纯属空想。"拉瓦锡首先给燃素学说泼了冷水。

"先生，我认为您说得不妥。"普利斯特里一本正经地说，"您能拿出什么证据来吗？"

"罗蒙诺索夫既然认为无重量的液体不存在，难道还能存在带有负重量的物质吗？当然，我暂时还没有找到令人信服的证据，但我相信会找到的。"

普利斯特里谈了许多用燃素学说解释现象的事例来说服对方。

拉瓦锡换了一个话题问道："先生，您在气体研究方面已经取得了很大进展，能否介绍一下？"

普利斯特里神采奕奕地谈到他寻找

"活命空气"的过程，发现多种气体如"碱空气"（氨）、"硝石空气"（二氧化氮）等实验情况。

拉瓦锡认真地听着，不时地做笔记，像是一位学生在听老师讲课。

"我在这次旅行之前，还发现了一种'新空气'。"普利斯特里得意地谈到了他的新发现。

拉瓦锡吃惊起来，问："什么'新空气'？"

"这种'新空气'是用聚集太阳光加热水银灰制得的，现象很奇怪。"普利斯特里想把问题说得更详细一些，"当我把燃烧着的木条放到这种空气中时，它会爆发出剧烈的耀眼的光芒；熄灭了火焰的木条，放进去后又奇迹般地燃烧起来……"

拉瓦锡一边听，一边在思考着，反复咀嚼着普利斯特里的话。

谈话之后，拉瓦锡请求普利斯特里给同行们表演他那别开生面的魔术。普利斯特里兴致勃勃地当众演示了制备"新空气"的方法。拉瓦锡看着那魔术般的"新空气"，渐渐有所醒悟："这也许就是我也在研究的'活空气'。"

从此，拉瓦锡更加留意英国科学家的出版物。然而，他对一些事实有自己的解释，与普利斯特里的观点有所不同，因为普利斯特里是燃素学说的忠实信徒。

拉瓦锡从普利斯特里的交谈和表演中受到了很大启发。他也试着用水银灰做实验，一方面把水银灰与木炭一起煅烧，得到了"固定气体"；另一方面只是单纯地将水银灰加热，从中分解出来的气体，他认为是最纯净的部分。拉瓦锡由此得出结论："固定空气"是"纯净空气"与木炭的化合物。在给科学院的报告中，他把这种"空气中最纯净的部分"，叫做"最适宜于呼吸的空气"或"给予人力量的空气"。

拉瓦锡借助普利斯特里"脱燃素空气"的启发，终于弄清了空气的构成，同时也发现了火的实质以及燃烧的化学机理。

燃烧过程和实质，就是可燃物与空气

中的氧气相互结合的过程。

后来，英国化学家卡文迪许也在实验中进一步证实氧气可以和氢气结合生成水。此时，拉瓦锡的全部氧化理论成熟了。他终于登上了科学的高峰。

# 拉瓦锡的同盟军

  拉瓦锡的过人之处，除了他善于逻辑性地创造性思维之外，还在于他具有严谨而细心的科学作风。每次实验他都用天平称量一下反应前后的物质重量。这是他领先于他人的其中一个因素。

天平的基本原理来源于阿基米德的杠杆定律。早期人们就发明了"秤"，在后来的科学实验中，它被更为精密的天平所取代。

波义耳等化学家早就开始使用天平。当然随着机械加工技术的不断完善，天平称量的精度和灵敏度也有了很大的提高，为揭开燃烧之谜提供了必要的物质手段。

拉瓦锡同罗蒙诺索夫一样，意识到了物质不灭定律，因此他能坚持运用天平测量数据来检验自己的理论，使他的科学研究步入了正确的途径。

当拉瓦锡刚刚公开发表自己的实验成

果时，几乎所有的化学家都抨击他。他们怎么会相信"燃素"会没有作用了呢？

"我不知道什么燃素，"拉瓦锡说，"我从来没有见到它。我的天平从来没告诉过我燃素的存在。我拿纯净的易燃物如磷或纯金属，放在密闭的容器里燃烧。在容器的内部，除了'活空气'以外，什么也没有。结果是易燃物和'活空气'不见了，却有了一种新物质譬如干的磷酸或是金属灰。这些新物质的质量跟易燃物和'活空气'加在一起的质量刚好相等。

每一个有头脑的人都只能从这里得出一个结论：物体燃烧时要和'活空气'化合成一种新物质，这和2+2=4是一样地清楚。

至于燃素和这里有何关系？不提它倒很清楚，提起它事情反而茫无头绪了。"

拉瓦锡的这段话，立场鲜明且铿然有力地否定了燃素学说，因而遭到众多拥护燃素学说的化学家的百般责难。

但是，真理就是真理。在拉瓦锡一个比一个更具有说服力的实验面前，燃素学说的拥护者们也不得不开始动摇了。

为了推广新的化学理论，拉瓦锡创办了《化学年鉴》期刊，于1789年4月在巴黎正式出版。

在此之前，由于没有专门的化学杂志，化学家们研究的成果不能及时得到发表。拉瓦锡本人的许多重要论文也往往长时间压在科学院的秘书那里。

为了向科学院备案，不送报告不行，送了又担心自己的成果被别人剽窃。为此，聪明的拉瓦锡为了防止自己的知识产权被他人侵犯，总是以密封件的形式把论文报告提交给科学院。

《化学年鉴》的创办，为化学家们及时发表论著提供了方便的条件，因而深受同行专家的赞许。

拉瓦锡以自己的魅力和优越的条件，在化学界组成了同盟军，建立起科学共同体。

从发现氧气到建立科学的燃烧学说，拉瓦锡在前人及同行的基础上，最终推翻了

燃素学说的百年统治，完成了一次伟大的化

学革命！

# "改朝换代"再立新功

燃烧之谜真相大白，点燃了划时代的化学革命。

伟大的哲学家、革命家恩格斯客观地评价了这一事实。"普利斯特里把他的发现告诉了巴黎的拉瓦锡；拉瓦锡依据这个新的事实，研究了整个燃素化学，方才发现这种新的气体是一种新的化学元素；燃烧的时候，并不是什么神秘的燃素从燃烧体分离，而是这种新的元素和这种物体化合。因此，在燃素形式上倒立着的整个化学方才正立起来。"

随着氧气的发现，化学元素王国不得不推陈出新，改朝换代。

在拉瓦锡以前，化学科学里仅有少数几个用词是一致的，绝大多数的化合物名称十分混乱，有的同一种化合物就有20多个名称，叫人茫无头绪。面对这种混乱的局面，拉瓦锡大胆地提出要为化学世界"立法"。

拉瓦锡曾经担任法国科学院标准委员会委员，在制定统一度量衡过程中发挥过作用。

1782年，法国科学院学报上刊登了拉瓦锡有关化学命名法的论文，从而拉开了"为化学世界立法"的序幕。他在几位化学家的鼎力支持和帮助下，经过5年的努力，于1787年出版了《化学命名法》著作。

空气的复合性被发现之后，大约过了10年，化学家们又研究了水的成分。英国著名物理学家和化学家卡文迪许（1731—1810）和拉瓦锡相继证明：水，普通的水，是一种复合物，其中含有两种元素，一种是"活命空气"（氧），另一种拉瓦锡称它为水素（氢）。这一发现又一次引起了化学界乃至整个科学界的巨大震撼！

普利斯特里做梦也没想到，他在"魔术表演"时所得到的"水滴"，竟是氢气与氧气化合的产物。

"空气"从化学元素名单中被除去，"水"也从元素王国中剔出。"四元素"论的拥护者乱了阵脚，令许多化学家忧心忡忡！

拉瓦锡计算出宇宙间元素已知的有33种，他把33种元素编入元素名单，绘制出一幅全新的元素图表。并预言，未来的研究一定还会发现新的物质，充实这张图表。

拉瓦锡以自己的劳动和智慧，为化学

上的革命立下了不朽的功勋。可是，在他人
生的道路上，却惨遭令人痛心疾首的横祸！

拉瓦锡时代仍处于法国封建社会，许
多征税官借机向民众横征暴敛，人民深恶痛
绝。上面讲过，拉瓦锡兼任了包税官职务，
因此，法国大革命爆发后，他也受到株连，
被捕入狱。

在狱中，自信无辜的拉瓦锡还坦然地
经常阅读文章，撰写科学论文。不料，资产
阶级大革命的烈火却黑白不分，竟然在混乱
中将这位伟大的科学家送上了断头台。当拉
瓦锡死于断头台的消息传出时，整个科学界
大为震惊，也深为痛惜！一位科学家十分
惋惜地说："砍下这颗头颅不消一刻钟，

可是要再生长出这样的头脑需要100年的时间。"

　　拉瓦锡遇害时，年仅51岁。

　　过了一年，巴黎政府和人民为拉瓦锡平反昭雪，举行了隆重的葬礼，并为他塑了一尊高大的青铜像，以示永久的纪念！

# 巧夺天工智取氧

　　自从拉瓦锡捕捉到氧气以后，科学家们便对氧气进行了深入广泛的探究。原来，在空气中，在江河、湖泊、海洋里，都有氧气的存在。经过测试可知，它在标准状态下，每升质量是1.428克，比空气重一些。氧气的性格很活泼，在高温下几乎能与当时发现的所有元素（金、铂除外）发生猛烈的化学作用，并放出大量的热。

从此，开辟了化学制取氧气和利用氧气的新篇章。

1785年，德国化学家贝多勒在实验中发现，将氯酸钾加热到熔化状态时，就会逸出氧气，比之普利斯特里和舍勒用有毒的氧化汞和硝酸盐制取氧气的方法又向前推进了一步。

但是，这种方法所需温度较高，如氯酸钾里稍含杂质就会引起爆炸，因而很少人采用它。

1832年，德国化学家唐巴纳，在一次偶然的机会里，把二氧化锰加入到氯酸钾里一起加热，结果意外地在250℃时得到了大量的氧气。这个方法既安全，产生的氧气量又大，所以很快地被作为实验室制取氧气的方法。

如今，人们已能通过电解、液化、分子筛等多种方法，从水、空气中制得大量的氧气。

可是，没有氧气的液化，要想使氧气得到广泛的应用是相当困难的。

其实，从空气中制得氧气，就是从氧的液化开始的。早在1823年，英国著名化学家法拉第在做氯气性质实验时，发现如对氯气稍降温，略施压力，它就会变为绿色的液体。但是，由于氧气的性格十分倔强，不听使唤，法拉第绞尽脑汁也未能使它液化。于是，法拉第把氧气等一些不能驯服的气体，取名为"永久气体"，意思是不能液化的气体。这个用词在化学史上一直沿用了50年。

1869年，英国化学家安珠斯对"永久气体"是否真正"永久"产生了怀疑。他重复了法拉第的实验，结果发现，那些容易液化的气体，如果处于某一温度之上的话，那么加多大压力也不能使其液化。安珠斯把这个温度称为某气体的"临界温度"。

那么，"永久气体"氧气会不会也有

"临界温度"呢？法国科学家凯莱坦特大胆地提出疑问。

凯莱坦特研究了气体的各种性质，多次重复法拉第、安珠斯的实验，终于找到了一个诀窍，任何气体的体积突然膨胀时就会吸热，从而可以降低温度。于是他动手制作了一台能使气体降温的特殊仪器——新型气体液化仪。他把气体充入耐压的玻璃瓶内，瓶口用水银密封后再用水密封，用水压机向瓶内气体施加压力，当压力大到一定程度时，放出瓶内的高压气体，让它的体积突然膨胀，这样气体的温度就大大地降低了。

凯莱坦特先用二氧化碳做试验，

很快就把它液化了。接着又征服了乙炔（HC≡CH）、一氧化氮等气体，最后便向顽固的氧气开战。

1877年12月的一天，法国科学院大楼门前车水马龙，众多的科学家云集在大礼堂里，法国科学院在这里举行大会。凯莱坦特登上讲台郑重地宣布：氧气不再是"永久气体"，在50个大气压下，冷却到零下119℃时，它就会成为液体。

此后，科学家们又从实验中得出，将氧气冷却到零下183℃以下时，不加压也可变成液体；当冷却到零下220℃时，液态氧会变成雪花状的固体。

氧的液化，为人造卫星上天、宇宙飞

船和航天飞机遨游太空，提供了可靠的动力保障。

氧气的发现，是化学革命的重要标志，是照亮人类进步永不熄灭的火炬。

# 世界五千年科技故事丛书